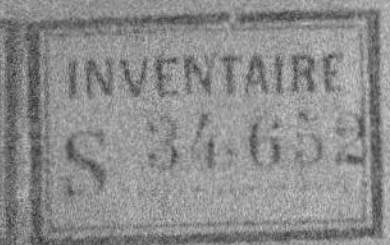

MONOGRAPHIE

DES

SILENE DE L'ALGÉRIE,

PAR MM.

SOYER-WILLEMET,

Bibliothécaire en chef de la ville de Nancy,
Membre de plusieurs Sociétés savantes, nationales et étrangères,

ET

D.-A. GODRON,

Docteur en Médecine et ès Sciences,
Recteur de l'Académie départementale de la Haute-Saône,
Ancien Directeur de l'École de Médecine de Nancy,
Membre de l'Académie de Stanislas, etc.

NANCY,

GRIMBLOT ET VEUVE RAYBOIS, IMPRIMEURS-LIBRAIRES,
PLACE DU PEUPLE, 7, ET RUE SAINT-DIZIER, 125.

1851.

MONOGRAPHIE

DES

SILENE DE L'ALGÉRIE.

MONOGRAPHIE

DES

SILENE DE L'ALGÉRIE.

NANCY, IMPRIMERIE DE VEUVE RAYBOIS ET COMP.

MONOGRAPHIE

DES

SILENE DE L'ALGÉRIE,

PAR MM.

SOYER-WILLEMET,

Bibliothécaire en chef de la ville de Nancy,
Membre de plusieurs Sociétés savantes, nationales et étrangères,

ET

D.-A. GODRON,

Docteur en Médecine et ès Sciences,
Recteur de l'Académie départementale de la Haute-Saône,
Ancien Directeur de l'Ecole de Médecine de Nancy,
Membre de l'Académie de Stanislas, etc.

NANCY,

GRIMBLOT ET VEUVE RAYBOIS, IMPRIMEURS-LIBRAIRES,
PLACE DU PEUPLE, 7, ET RUE SAINT-DIZIER, 125.

1851.

MONOGRAPHIE

DES

SILENE DE L'ALGÉRIE.

Ce travail devait être inséré dans le magnifique ouvrage édité, aux frais de l'État, par la Commission scientifique de l'Algérie. M. le capitaine Durieu, botaniste de l'expédition, dont les savants travaux sont connus et appréciés de tous, nous avait confié l'étude et la rédaction du genre *Silene*. Déjà trois des espèces nouvelles que nous avons à faire connaître, ont été gravées et se trouvent dans la collection des planches de la partie botanique de l'expédition.

Mais l'impression de ce grand ouvrage, auquel s'attache un intérêt scientifique si puissant, vient d'être indéfiniment suspendue, l'allocation nécessaire à sa continuation ayant été rayée momentanément du budget de l'État. Nous avons cru dès lors devoir publier, sous forme de monographie, les *Silene* de l'Algérie. Le nombre des espèces de ce genre trouvées dans ce pays par Desfontaines et par Poiret, s'y trouve presque doublé, et quelques-unes d'entre elles ont été, de notre part, l'objet d'observations critiques, que nous avons cru utile de faire connaître.

SILENE L. *gen.* 772.

Calyx tubulosus, quinquedentatus, nervis commissuralibus donatus. Corollæ petala 5, carpophori stipitiformis apici inserta, unguiculata, fauce nuda vel appendiculata. Stamina 10, cum petalis inserta. Styli 3, intùs stigmatosi. Capsula basi plùs minùs distinctè trilocularis, apice in dentes duplo stylorum numero dehiscens. Semina plurima, columellæ centrali inserta, reniformia vel lenticularia. Embryo annularis vel hemicyclicus, albumen farinaceum cingens; cotyledonibus incumbentibus.

Obs. Nous avons décrit avec soin la forme des graines, qui fournit d'excellents caractères spécifiques, et celle des tubercules qui les recouvrent; mais nous devons prévenir que c'est toujours leur état de maturité complet que nous avons eu en vue.

§ 1 BEHEN *Mœnch, meth.* 709. — Calyx vesiculoso-inflatus, 20-nervius. Petala æstivatione imbricata.

S. INFLATA *Sm.*

S. floribus cernuis, in racemo dichotomo dispositis, ramis inæqualibus; bracteis scariosis; calyce vesiculoso, umbilicato; petalis bipartitis, fauce bigibbosis; stylis apice incrassatis; capsulâ globosâ, apice rotundatâ, breviter stipitatâ; seminibus acutè tuberculatis; foliis ovatis vel lanceolatis.

Syn. *S. inflata Sm. fl. brit.* 467. *Cucubalus Behen L. sp.* 591. *Behen vulgaris Mœnch, meth.*

Hab. in Algeriâ (*Desf.*).

S. TENOREANA *Coll.*

S. floribus cernuis, in racemo dichotomo dispositis, ramis inæqualibus; bracteis scariosis; calyce vesiculoso, umbilicato; petalis bipartitis, fauce bigibbosis; stylis apice æqualibus; capsulâ ovoïdeâ, apice contractâ, acuminatâ, breviter stipitatâ; seminibus acuté tuberculatis; foliis lineari-lanceolatis vel oblongo-lanceolatis.

Syn. *S. tenoreana Coll. herb. ped.* 1, *p.* 328; *Godr. fl. de France* 1, *p.* 203. *S. angustifolia Guss. prodr. fl. sicul.* 1, *p.* 500, *non Bieb. Cucubalus angustifolius Tenor. fl. nap.* 1, *p.* 235.

Icon. *Tenor. fl. nap. tab.* 38.

Hab. in Algeriâ (Constantine, Bone, Alger, Tlemsen, Milianah, etc.). ♃. Aprili-majo.

Obs. Cette plante, décrite d'abord par Tenore sous le nom de *Cucubalus angustifolius*, puis par Gussone sous celui de *Silene angustifolia*, et admis en premier lieu par ces auteurs comme espèce distincte, a été ensuite considérée par eux comme simple variété du *S. inflata*. C'est que ces auteurs, qui d'abord avaient cru trouver, dans l'étroitesse des feuilles de la première de ces deux plantes, un caractère suffisant pour la distinguer spécifiquement de la seconde, se sont aperçu que la largeur des feuilles est extrêmement variable dans toutes les espèces de *Silene*, et cela est tellement vrai, qu'il faudrait les dédoubler presque toutes, si l'on avait égard à cette circonstance. Aussi le *Cucubalus angustifolius*, fondé exclusivement sur l'étroitesse des feuilles, ne pouvait pas être admis. Mais l'examen attentif de cette plante nous a fait découvrir des caractères bien plus importants, qui la séparent du *S. inflata*. Ainsi le *S. tenoreana* se distingue de cette dernière espèce par ses styles non épaissis supérieurement; par sa capsule ovoïde, contractée au sommet en un petit cône; par ses graines plus petites; enfin ses feuilles, dont la largeur est très-variable, sont cependant toujours proportionément plus longues que dans le *S. inflata*.

Nous avons dû adopter le nom de *S. tenoreana*, de préférence à celui de *S. angustifolia*, non-seulement parce que ce dernier nom est mauvais, la plante ayant quelquefois les feuilles larges ; mais surtout parce que la même dénomination a été donnée antérieurement, par Marschall de Bieberstein, à une plante du Caucase.

Il ne faut pas confondre avec le *S. tenoreana* une plante qui croît en France sur les coteaux de Châtillon-sur-Seine, où elle a été signalée par MM. Lorey et Duret. Celle-ci est remarquable par sa petite taille, par ses tiges grêles, et par l'étroitesse de ses feuilles; mais néanmoins elle n'est qu'une simple variété du *S. inflata*, et il faut supprimer ici le synonyme de Tenore, que les auteurs de la Flore de la Côte-d'Or y rapportent.

§. 2. CONOIMORPHA *Otth, in DC. prodr. 1, p.* 371. — Calyx inflato-vesiculosus, conicus, 30-nervius. Petala æstivatione contorta.

S. CONICA *L.*

S. floribus in racemo dichotomo dispositis ; calyce fructifero ovato-conico ; petalorum limbo parvo , bilobo ; capsulâ ovato-conicâ , sessili ; herbâ breviter villosâ. »

Syn. *S. conica L. sp.* 598, *non Rchb. S. conoidea Rchb. non L.*

Icon. *Reichenb. iconogr. n°* 5061.

Exsicc. *Soleir. It. cors. n°* 911.

Hab. in locis herbidis et rupestribus Algeriæ (Tlemsen, plateau de Sétif à 1100 mètres, pentes inférieures du Mansourah à 600 mètres : *Durieu*). ☉ Majo-junio.

S. CONOIDEA *L.*

S. floribus in racemo dichotomo dispositis; calyce fructifero globoso, longè acuminato-conico; petalorum limbo obovato, integro vel dentato; capsulâ basi inflatâ, globosâ, abruptè acuminatâ; herbâ glanduloso-pubescente.

Syn. *S. conoidea L. sp.* 598, *non Rchb. S. conica Rchb. non L.*

Icon. *Reichenb. iconogr. n°* 5032.

Hab. in arvis Algeriæ (*Desf.*). ☉. Majo-junio.

§ 3. EUSILENE *Godr. infl. des Silene p.* 32. — Calyx haud inflatus, æqualiter 10-nervius. Petala æstivatione contorta.

α Flores in racemo spiciformi secundo dispositi.

S. CINEREA *Desf.*

S. floribus secundis, approximatis, in racemo spiciformi, geminato, basi composito dispositis; bracteis oppositis, inæqualibus, lanceolatis vel ovatis; calyce fructifero valdè ampliato, obovato-turbinato, non umbilicato, nervoso, non reticulato-venoso, dentibus margine scariosis, oblongis, obtusis; petalis bifidis, squamâ longiusculâ bipartitâ coronatis; staminum filamentis glabris; capsulâ ovoideâ, breviter acuminatâ, thecaphorum subæquante; seminibus.....; herbâ puberulâ.

Syn. *S. cinerea Desf. atl.* 1, *p.* 355; *DC. prodr.* 1, *p.* 372.

Hab. in arvis propè Oran, Tlemsen. ☉ Majo.

Descript. Radix alba, ramosiuscula. Caulis erectus, ramosus, pube brevissimâ reflexâ conspersus, ad nodos tumescens. Folia pallidè viridia, brevissimè puberula, ciliolataque; inferiora latè obovata, obtusa; reliqua lanceolata; superiora remota. Flores approximati, ad nodos solitarii, bini ternive, in racemis terminalibus geminatis secundis densis dispositi. Pedunculi brevissimi; alares longiusculi. Bracteæ oppositæ, inæquales, pilis confervoideis longis ciliatæ, lanceolatæ vel ovatæ, pedunculis longiores. Calyx sub anthesi longè tubulosus, infernè attenuatus, fructu crescente valdè ampliatus, obovato-turbinatus, membranaceus, nervis prominulis pilosis percursus, non umbilicatus, albo et viridi fasciatus; dentibus margine albo-scariosis, oblongis, obtusis, ciliatis. Corolla albida vel subochroleuca; petala libera, fauce squamâ bipartitâ dentatâque longiusculâ munita; limbus bifidus, lobis linearibus; ungues exserti, dorso pilosuli, marginibus glabri. Antheræ lineari-oblongæ; filamenta glabra. Capsula lutea, minutè corrugata, coriacea, ovoïdea, breviter acuminata; thecaphorum pubescens, capsulam æquans. Semina.....

S. HISPIDA *Desf.*

S. floribus vespertinis, secundis, plùs minùs confertis; racemis geminatis, simplicibus, strictis ; calyce fructifero ovoïdeo, apice contracto, insigniter clavato, non umbilicato, nervoso, hispido, cum squamulis interjectis, non reticulato-venoso, dentibus margine scariosis lanceolatis acutis ; petalis bifidis ; squamis coronæ in tubo campanulato et crenulato coadunatis; staminum filamentis glabris ; capsulâ ovoïdeâ, breviter acuminatâ, thecaphorum subæquante ; seminibus leviter corrugatis, dorso lato canaliculatis, facie utrâque excavatis ; herbâ hirsutâ.

Syn *S. hispida Desf. atl.* 1, *p.* 348 ; *Presl. fl. sicul.* 1, *p.* 150; *Guss. pl. rar. p.* 174, *et syn.* 1, *p.* 483; *Tenor. fl. nap.* 4, *p.* 209, *et syll. p.* 212; *Bertol. fl. ital.* 4, *p.* 374 ; *Moris, fl. sard.* 1, *p* 237. *S. hirsuta Poir. voy.* 2, *p.* 165. *S. sabuletorum Link in Spreng.* 1, *nov. prov.* 39. *S. bellidifolia Jacq. hort. vindob.* 3, *non Thunb. S. vespertina Sebast. et Mauri, fl. rom. p.* 151 *(certè ex loco natali), an Retz ?*

Icon. *Jacq. l. c. tab.* 81; *Moris, fl. sard. tab.* 19.

Hab. ad sepes in collibus arenosis ; vulgaris in provinciis orientalibus, ex. gr., propè Bone, La Calle, etc. ☉ Aprili–majo.

Obs. Nous avons longtemps partagé l'opinion de Sebastiani et Mauri, qui, dans leur Flore romaine (*Flor. rom. Prodr.*, p. 151), rapportent le *S. hispida Desf.* au *S. vespertina Retz.* Nous avons même vu un échantillon, recueilli à Modon par M. Despréaux, qui semble intermédiaire à ces deux plantes. Cependant il faut avouer que le *S. vespertina* a les semences et les organes floraux plus grands, quoique de même forme; que les fleurs sont plus écartées les unes des autres et seulement au nombre de 3 ou 4 sur chaque épi; enfin que le port est différent. Ces circonstances, jointes à l'usage, nous engagent à conserver à la plante qui croît en Italie, en Grèce, en Algérie, en Corse, le nom de *S. hispida Desf.* Mais il n'en reste pas moins vrai que ces deux plantes sont extrêmement voisines, et qu'il serait, nous le croyons du moins, fort difficile de leur assigner des caractères spécifiques suffisants pour les séparer.

S. GALLICA *L.*

S. floribus diurnis, secundis, sæpiùs approximatis, in racemo spiciformi, simplici, sæpè geminato dispositis; calyce fructifero ovoïdeo, apice contracto, non umbilicato, nervoso, haud reticulato-venoso, dentibus herbaceis longis lineari-setaceis; petalis integris vel emarginatis, squamâ brevi, bipartitâ, truncatâ dentatâve coronatis; staminum filamentis infernè villosis; capsulâ ovoïdeâ, subsessili; seminibus nitidis, corrugatis, tumidulis, dorso planis, facie utrâque excavatis; herbâ villosâ.

Syn. *S. gallica L. sp.* 595; *All. ped.* 2, *p.* 79; *Sebast. et Maur. fl. rom. prod. p.* 151; *Guss. fl. sicul. prod. supp.* 122, *et syn.* 1, *p.* 572; *Bertol. fl. ital.* 4, *p.* 571; *Moris, fl. sard.* 1, *p.* 260; *Gren. et Godr. fl. fr.* 1, *p.* 206. *S. lusitanica Desf. atl.* 1, *p.* 347, *non L.*

(ex Guss.). *S. quinquevulnera L. sp.* 595; *Desf. atl.* 1, *p.* 348 *(forma petalis disco intensè purpureo, marginibus pallidis)*.

Icon. *Vaill. bot. par. tab.* 16, *f.* 12; *Rchb. icon. tab.* 5054, 5055.

Exsicc. *Schultz, fl. gall. et germ. exsicc.* 2 *cent. n°* 18; *Welwitschii it. lusit. n°* 497!

Hab. inter segetes Algeriæ vulgaris. ⊙ Februario-aprili.

Obs. Les filets des étamines de cette espèce sont velus dans leur tiers inférieur, comme l'un de nous l'a déjà signalé *(Voy. Mém. Acad. Nancy*, 1846, *p.* 166*)*. Ce caractère nous a paru constant : nous l'avons observé sur une masse considérable d'échantillons que nous avons examinés, et sur toutes les formes de cette espèce polymorphe. Il est très-rare dans les *Silene*; les *S. gallica*, *neglecta* et *scabrida* nous l'ont seuls présenté.

MM. Soyer-Willemet *(Obs. bot., p.* 32*)* et Bentham *(Cat. Pyr.*, *p.* 122*)* ont depuis longtemps émis cette opinion que les *S. gallica, anglica, lusitanica* et *quinquevulnera* ne sont que de simples variations d'une seule et même espèce. Nous pensons qu'il faut aussi y ajouter les *S. cerastoïdes Auct. gall. (non L.)*, *S. tridentata Ram. (non Desf.)*, *S. sylvestris* et *marginata Schott.* Les pétales diversement dentés ou entiers, les différences dans la couleur de ces organes, le plus ou le moins de pubescence du calice, sont des caractères qui se nuancent et se confondent par des intermédiaires, et sont par conséquent de nulle valeur. Mais la forme du calice, de la capsule et des graines, la briéveté du thécaphore, qui fait paraître la capsule presque sessile, enfin les organes de la végétation, sont identiques dans toutes ces variations.

S. DISTICHA *Willd.*

S. floribus distichis, imbricatis; racemis geminatis, brevibus, simplicibus, densis; calyce fructifero ovoïdeo, apice contracto, brevissimè clavato, non umbilicato, nervoso, hispido, vix reticulato-venoso, dentibus herbaceis linearibus acutis; petalis bifidis, squamâ brevi obtusè bipartitâ coronatis; staminum filamentis glabris; capsulâ ovoïdeâ, thecaphorum quater quinquiesve superante; seminibus leviter corrugatis, dorso lato canaliculatis, facie utrâque excavatis; herbâ villosâ.

Syn. *S. disticha Willd. enum*, *p.* 476; *Cambess. balear. p.* 47. *tab.* 5. *S. tricuspidata hort. par.* (*non Desf.*)

Hab. in provinciis centralibus et orientalibus Algeriæ non rarò. ⊙ Junio.

S. CERASTOIDES *L.*

S. floribus secundis, laxiusculis, in racemo spiciformi simplici flexuoso dispositis; calyce fructifero ovoïdeo, sub dentes et basi contracto, non umbilicato, costato, reticulato-venoso, dentibus brevioribus porrectis subulatis; petalis exsertis, bifidis, squamâ longâ bifidâ coronatis; staminum filamentis glabris; capsulâ ovoïdeâ, breviter acuminatâ, stipitatâ, thecaphorum quater quinquiesve superante; seminibus corrugatis, dorso lato canaliculatis, facie utrâque excavatis ; herbâ pubescenti-scabridâ.

Syn. *S. cerastoides L. sp.* 596 (*herb. ex Guss.*); *Rchb. fl. excurs.* 813; *Sibth. et Sm fl græc. prodr.* 1, *p.* 292, *et fl. græc.* 5, *p.* 9 ; *Bertol. fl ital.* 4, *p.* 574 (*non DC. nec auct. gall.*). *S. rigidula L. amœn. acad.* 4, *p.* 313. *S. coarctata Lag. gen. et sp.* 15 ; *DC. prodr.* 1, *p.* 371 ; *Koch, deutsch. fl.* 3, *p.* 231.

Icon. *Viscago Cerastii foliis, vasculis erectis sessilibus Dill. elth.* 416, *t.* 309, *f.* 307 ; *Sibth et Sm. fl. græc. tab.* 412; *Rchb. Icon. n°* 5057.

Exsicc. *Salzmann, It. hisp.-ting. fasc.* 3 (*Sub nom. S. coarctatæ*); *L. Dufour, pl. hisp.* (*Sub nom. S. sclerocarpæ*).

Hab. in pratis maritimis et collibus calcareis propè Oran, Mostaganem. ☉

S. TRIDENTATA *Desf.*

S. floribus distichis, remotis, in racemo spiciformi simplici dispositis; calyce fructifero subgloboso, sub dentes eximiè contracto, non umbilicato, costato, reticulato-venoso, dentibus longis porrectis subulatis; petalis vix exsertis, tridentatis (*Desf.*), squamâ brevi acute bipartitâ coronatis; staminum filamentis glabris; capsulâ globosâ, longè abruptèque acuminatâ, sessili; seminibus corrugatis, dorso lato canaliculatis, facie utrâque excavatis ; herbâ pubescente.

Syn. *S. tridentata Desf. atl., p.* 349 ; *DC. prodr.* 1, *p.* 371.

Icon. *Lychnis sylvestris VI Clus. hist.* 290, *ic.*

Exsicc. *L. Dufour, pl. hisp.* (*Sub nom. S. rostratæ*); *Salzmann, iter. hisp.-ting.* (*Sub nom. S. calycinæ*).

Hab. in arvis Algeriæ, vulgaris. ⊙ Aprili-majo.

S. RAMOSISSIMA *Desf.*

* S. floribus diurnis, longè pedunculatis, in racemo spiciformi, laxo, subcomposito dispositis ; calyce fructifero ovoïdeo, apice contracto, non umbilicato, eximiè nervoso, haud reticulato-venoso, dentibus margine scariosis, lanceolatis, acutis ; petalis bifidis, squamâ bipartitâ coronatis ; staminum filamentis glabris ; capsulâ ovoïdeâ, acuminatâ, subsessili ; seminibus parvis, compressis, lævibus, dorso angustè canaliculatis, faciebus convexiusculis ; herbâ viscoso-villosâ.

Syn. *S. ramosissima Desf. atl.* 1, *p.* 354 ; *DC. prodr.* 1, *p.* 378.

Icon. *Nulla.*

Exsicc. *L. Dufour, pl. hisp.* (*Sub nom. S. graveolentis*).

Hab. in arenosis maritimis Algeriæ (Mascara, Arzew, El-Oudja à l'est d'Oran). ⊙ Aprili.

Obs. Cette plante, trouvée en Algérie par Desfontaines, existe aussi en Espagne : c'est certainement elle que M. L. Dufour a distribuée sous le nom de *S. graveolens*. Elle a des graines très-remarquables et qui jusqu'ici n'ont pas encore été décrites : elles sont arrondies, comprimées, lisses, à dos étroit et finement canaliculé ; les faces sont planes-convexes. Nous n'en connaissons d'analogues que celles des *S. corsica Lois.*, et *S. succulenta Forsk.*

S. APETALA *Willd.*

S. floribus sæpè apetalis, infernè remotis, in apice caulis approximatis, in racemo subsimplici dispositis; calyce fructifero brevi, campanulato, apice aperto, non umbilicato, nervoso, haud reticulato-venoso, dentibus margine scariosis, lanceolatis; petalis nullis, vel inclusis, rariùs exsertis; staminum filamentis glabris; capsulâ globosâ, subsessili; seminibus dorso profundè canaliculatis, alâ undulatâ utrinquè marginatis; herbâ gracili, pubescente.

Syn. *S. apetala Willd. sp* 2, *p.* 597; *DC. prodr.* 1, *p.* 369. *S. aspera hort. S. præcox et glauca hort. par.*

Icon. *Rchb. Iconogr. n°* 5060 (*Seminibus malè depictis*).

Exsicc. *L. Dufour*, *pl. hisp.* (*Olim sub nom. S. anomalæ, dein apetalæ*); *Kotschy, pl. pers. ed. Hohenack.* 1845, *n°* 192 *et n°* 24 (*Sub nom. S. vilis Fenzl.*).

Hab. in locis herbidis; vulgaris circà Oran et Mostaganem. ⊙ Aprili.

Obs. Les graines de cette espèce sont très-remarquables. Elles sont plus petites que celles des *S. bipartita* et *ambigua*, mais elles en ont exactement la forme, et, comme dans ces deux dernières espèces, le sillon dorsal est bordé de deux ailes saillantes et onduleuses. Il n'est pas possible dès-lors de considérer cette plante comme une simple forme du *S. nocturna*. Il est fâcheux que les auteurs aient autant négligé de décrire les graines des *Silene*; car elles fournissent d'excellents caractères spécifiques, *pourvu toutefois qu'on les examine à l'état de maturité.*

Le *S. apetala* manque ordinairement de pétales, ou bien ils sont rudimentaires et inclus. Cependant nous avons des échantillons, reçus sous le nom de *S. cerastoides*, recueillis par Spruner aux environs d'Athènes, qui présentent des pétales très-développés et exsertes. Nous avons également reçu la même forme de Portugal (*Welwitschii It. lusit.*, n° 490) sous le faux nom de *S. Lagascæ Boiss.* Les graines de cette plante et tous les autres caractères sont identiques avec ceux de la forme ordinaire dépourvue de pétales.

S. NEGLECTA *Tenor.*

S. floribus dichotomis, secundis, in racemo spiciformi, simplici, infernè laxo dispositis; calyce fructifero ovato-oblongo, apice aperto, non umbilicato, nervoso, non reticulato-venoso, dentibus omninò herbaceis linearibus acutis; petalis emarginato-bifidis, squamâ longiusculâ obtusè bipartitâ coronatis; staminum filamentis infernè villosis; capsulâ ovato-oblongâ, subsessili; seminibus tenuiter corrugatis, dorso canaliculatis, in utrâque facie depressione auriculæformi notatis; herbâ villosâ.

Syn. *S. neglecta Tenor! fl. nap. app.* 6, *p.* 15 (*excl. var.* β.); *Guss. fl. sicul. prod.* 1, *p.* 497, *et syn.* 1, *p.* 482; *Sang. cent.*, *p.* 63. *S. nocturna var.* β. *Bertol. fl. ital.* 4, *p.* 576.

Icon. *Tenor. l. c. tab.* 230, *f.* 1.

Hab. in collibus aridis vel sylvaticis circà Bone, Constantine, El Arrouch, Stora, Alger, etc. ⊙ Martio-Aprili.

Obs. Les fleurs de cette espèce sont roses, odorantes; elles s'ouvrent l'après-midi, longtemps avant le coucher du soleil.

Cette plante croît aussi en France : M. Gay nous l'a donnée de Fréjus.

S. NOCTURNA *L.*

S. floribus nocturnis, secundis, in racemo spiciformi, simplici, infernè laxissimo dispositis; calyce fructifero cylindrico-oblongo, apice aperto, haud umbilicato, nervoso, supernè reticulato-venoso, dentibus margine scariosis, latè lanceolatis acutis; petalis bifidis, squamâ brevi acutè bipartitâ coronatis; staminum filamentis glabris; capsulâ oblongo-cylindraceâ, breviter stipitatâ; seminibus corrugatis, dorso lato leviter canaliculatis, in utrâque facie depressione auriculæformi notatis; herbâ breviter pubescente.

Syn. *S. nocturna L. sp.* 595; *Bertol. amœnit. ital. p.* 150, *et fl. ital.* 4, *p.* 575 (*excl. var.* β.); *Tenor. syllog. p.* 212 *et* 598; *Guss. fl. sicul. prod.* 1, *p* 497, *et syn.* 1, *p.* 482; *Bory et Chaub., exp. Morée, p.* 120; *Moris, fl. sard.* 1, *p.* 258. *S. spicata DC. fl. fr.* 4, *p.* 759. *S. matutina Presl, fl. sicul.* 1, *p.* 149. *S. nyctantha Willd. enum.* 472 (*Forma petalis virescentibus*).

Icon. *Barr. ic.* 1027, *f.* 1; *Tenor. fl. nap. tab.* 230, *f.* 3; *Reich. iconogr.* 5059.

Hab. in montosis herbidis circà Bone, Constantine, Tlemsen, Mascara, Mostaganem, Oran, etc. ⊙ Majo.

β. *Lasiocalyx Nob.* Calyce pilis longis confervoïdeis lanuginoso; petalis exsertis; capsulâ magnâ, pauló longiùs stipitatâ.

Hab. propè Constantine (Vallée du Rummel).

γ. *Brachypetala Benth. cat. pyr.* 122. Calyce piloso, non lanuginoso; petalis inclusis, emarginatis; capsulâ minore, breviùs stipitatâ.

Syn. *S. brachypetala Rob. et Cast.* ! *in DC. fl. fr.* 5, *p.* 607; *Jord. observ. fragm.* 5, *p.* 32.

Icon. *Rchb. iconogr.* nº 5058; *Jord. l. c. pl.* 1, *f. A.*

Hab. propè Oran, Ghelma, Mascara, etc.

Obs. Les fleurs sont blanches, verdâtres au-dessous.

S. VESTITA *Soy.-Willm. et Godr.*

S. floribus distichis, remotis, in racemo spiciformi simplici laxissimo dispositis; calyce fructifero cylindrico-oblongo, apice aperto, basi attenuato, haud umbilicato, nervoso, non reticulato-venoso, dentibus margine scariosis, linearibus obtusis; petalis bifidis, squamâ minimâ emarginatâ coronatis; staminum filamentis glabris; capsulâ oblongo-cylindricâ, breviter stipitatâ; seminibus minimis, compressis, corrugatis, dorso canaliculatis, facie utrâque planis; herbâ pilis longis vestitâ.

Icon. *Exped. scient. en Algérie, part. bot. tab.* 81, *f.* 2 (1).

Hab. in arenosis planitiei dictæ Hachem-Gharabas versùs Oran. ⊙ Aprili.

Descript. Radix annua, gracilis, simplex. Caulis erectus, simplex, vel ramosus, pilis longis confervoïdeis mollibus obtectus. Folia villosa; inferiora lanceolata, in petiolum longum decurrentia; superiora linearia obtusa. Flores remoti, distichi, racemum simplicem laxissimum formantes. Pedunculi inferiores floribus æquales; superiores breviores. Bracteæ elongatæ, herbaceæ, lineares, obtusiusculæ, longè ciliatæ, florem subæquantes. Calyx pilis longis sericeis obductus, sub anthesi cylindricus, basi attenuatus, ad maturitatem ampliatus, oblongus, basi contractus, apice apertus, nervis viridibus percursus; dentes margine scariosi, lineares, obtusi. Petala vix exserta, fauce squamulâ emarginatâ coronata; limbus parvus, bifidus, lobis parvis ovatisque. Capsula lutea, leviter corrugata, oblongo-cylindracea; thecaphorum glabrum, vix quartam partem capsulæ æmulans. Semina minima, fuscescentia, compressa, dorso canaliculata, faciebus planiusculis.

(1) Dans la fig. 2ª, le dessinateur a inséré à tort le pétale et l'étamine à la base du thécaphore, au lieu de les placer au sommet.

Obs. Le *S. hirsutissima Otth* est très-voisin de notre espèce ; il lui ressemble complétement par la nature de son vestimentum soyeux. Mais il s'en distingue par sa grappe plus fournie, unilatérale ; par ses pétales à limbe beaucoup plus grand, plus profondément divisé ; par son thécaphore égalant la capsule. Il croît à Tanger et pourrait se trouver dans l'Algérie occidentale.

Depuis que nous avons étudié cette plante, nous avons su, grâce à l'obligeance de M. Reuter, qu'elle pourrait bien être le *S. micropetala* de Lagasca (*Gen. et sp.* 15). En effet, M. Boissier possède un échantillon, recueilli dans le lieu classique (Sandal, près de Madrid) par Caregno, élève de Lagasca, mais toutefois étiqueté par lui *S. hispida Desf.*; cette plante est positivement la même que la nôtre. Mais d'abord le nom de *S. micropetala* doit être rejeté, puisque DC. (*Hort. monsp.* 146) l'avait donné auparavant à une tout autre espèce. Il est vrai que Lagasca assure (*l. c.*) que sa plante est la même que celle qui a été étiquetée par Link, dans l'herbier de Cavanilles, sous le nom de *S. micrantha*; ce qui a engagé Otth (*In DC. Prodr.* 1, *p.* 372) à conserver ce nom. Mais il nous reste un doute sur ce *S. micrantha*, doute que nous n'avons pu éclaircir. En effet, s'il s'agit réellement ici de notre plante, comment se fait-il que Sprengel (*Syst.* 2, *p.* 409) ait pu la citer comme synonyme du *S. cerastoïdes*, espèce qui a la capsule subglobuleuse, et non allongée-cylindrique comme notre *S. vestita* ? Nous avons dès lors cru devoir laisser à notre espèce le nom que nous lui avions imposé primitivement et sous lequel elle a été dessinée dans l'Expédition scientifique en Algérie.

S. OBTUSIFOLIA *Willd.*

S. floribus diurnis, remotiusculis, subsecundis, in racemo spiciformi, sæpè geminato dispositis; calyce fructifero axi adpresso, oblongo, basi attenuato, apice aperto, non umbilicato, nervoso, non reticulato-venoso, dentibus margine scariosis, oblongis, obtusis; petalis bifidis, squamâ bipartitâ coronatis; staminum filamentis glabris; capsulâ oblongâ, thecaphorum subæquante vel paulò longiori; seminibus griseis, tenuiter striatis, dorso lato subcanaliculatis, faciebus excavatis; herbâ villosâ.

Syn. *S. obtusifolia Willd. enum. p.* 473

Exsicc. *Salzmann, It. hisp.-ting.* (*Sub nom. S. cheiranthifoliæ*).

Hab. in arenosis propè Djemma Ghazaouat. ⊙

S. IMBRICATA *Desf.*

S. floribus diurnis, confertis, secundis, in racemo spiciformi, simplici, stricto dispositis; calyce fructifero axi adpresso, cylindrico, breviter clavato, apice aperto, non umbilicato, nervoso, supernè subreticulato-venoso, dentibus margine scariosis, lanceolatis acutis; petalis bifidis, squamâ brevi dentatâ coronatis; staminum filamentis glabris; capsulâ oblongo-cylindraceâ, thecaphorum bis terve superante; seminibus compressis, tenuissimè corrugatis, dorso profundè canaliculatis, faciebus planis; herbâ infernè hirsutâ.

Syn. *S. imbricata Desf. atl.* 1, *p.* 349.

Icon. *Desf. l. c. tab.* 98.

Hab. in collibus calcareis calidis propè Alger, Oran, Thiaret, Sahel, Milianah. ⊙ Martio-aprili.

Obs. Les fleurs sont blanches, légèrement verdâtres à l'extérieur, s'ouvrant vers cinq heures du soir ; elles sont très-odorantes et leur odeur est suave.

S. AMBIGUA *Cambess.*

S. floribus secundis, in racemo terminali, sæpiùs geminato, simplici dispositis; bracteis oppositis, parùm inæqualibus, lineari-setaceis; calyce umbilicato, demùm valdè ampliato, turbinato; petalis squamâ brevi bipartitâ truncatâ coronatis, limbo parvo, cuneato, bifido ; capsulâ subglobosâ, thecaphorum sulcatum æmulante ; seminibus dorso profundè canaliculatis et alâ undulatâ utrinque marginatis ; foliis basi attenuatis ; herbâ breviter pubescente.

Syn. *S. ambigua Cambess. in Herb. mus. par.*, *et.....? S. pyriformis hort. par.*

Icon. *Nulla.*

Exsicc. *L. Dufour, pl. hispan.* (*Sub nomine S. setabensis dein S. Saponaria Cav.* !) ; *Bové, herb. maurit.* (*Sub s. sp. nov.*) ; *Salzmann, It. hisp.-ting. fasc.* 5 (*Sub nomine S. decumbentis*).

Hab. in collibus calcareis Algeriæ ; vulgaris in provinciis occidentalibus, ex. gr., circà Oran; propè Alger rariùs. ⊙ Aprili-majo.

Descript. Radix alba, gracilis, ramosiuscula. Caulis erectus, teres, ad nodos tumidus, pubescentiâ reflexâ adspersus, ramosus ; ramis sæpiùs furcatis. Folia viridia, breviter pubescentia, margine ciliolata; inferiora lanceolata, acuta, in petiolum longiusculum producta; superiora linearia, utrinque attenuata. Flores erecti, in racemis terminalibus, sæpiùs geminatis, simplicibus, secundis dispositi. Pedunculi graciles; superiores brevissimi. Bracteæ oppositæ, parùm inæquales, villosæ, lineari-setaceæ, pedunculis longiores. Calyx sub anthesi oblongus, infernè attenuatus, fructu maturescente valdè ampliatus et turbinatus, puberulus, umbilicatus, albus, sed nervis virentibus prominulis percursus, sub apice venis 2-3 anastomosantibus transversis notatus; dentibus lanceolatis, acutis. Corolla rosea; petala libera, fauce squamâ brevi bipartitâ truncatâ munita; limbus parvus, cuneatus, bifidus, lobis oblongis; ungues inclusi. Antheræ oblongæ. Capsula lutea, lævis, subglobosa; thecaphorum puberulum, sulcatum, supernè crassius, capsulam æquans. Semina magna, nigricantia, eximiè compressa, tenuissimè et radiatim striata, facie utrâque planiusculâ, dorso profundè canaliculato et alis prominentibus parallelis undulatis marginato.

Obs. Cette espèce, souvent confondue avec le *S. bipartita Desf.*, s'en sépare nettement. Outre les caractères que nous avons indiqués, on peut ajouter qu'elle s'en distingue encore par sa capsule et ses graines du double plus grosses; par ses pétales à limbe beaucoup plus court, moins profondément divisé, muni à la gorge d'écailles bien plus courtes, jamais aiguës; par son calice à la fin plus élargi au sommet, à bandes vertes beaucoup plus larges, à dents plus étroites; enfin par ses bractées plus longues, bien plus étroites, peu inégales. Dans le *S. bipartita*, les bractées ont une forme très-différente : elles sont très-inégales à chaque nœud, et celle à l'aisselle de laquelle naît le bourgeon floral, disparaît même souvent complétement dans les fleurs supérieures ; ce qui ne se voit jamais dans le *S. ambigua*.

S. BIPARTITA *Desf.*

S. floribus secundis, diurnis, in racemo terminali, sæpè geminato, simplici dispositis ; bracteis oppositis, valdè inæqualibus, ovatis vel lanceolatis ; calyce umbilicato, demùm ampliato et obovato-clavato ; petalis squamâ longiusculâ acutè bipartitâ coronatis, limbo magno cuneato bipartito ; capsulâ ovoïdeâ, thecaphorum sulcatum superante ; seminibus magnis, dorso profundè canaliculatis, alâ undulatâ utrinquè marginatis ; foliis mediis obversè lanceolato-oblongis ; herbâ plùs minùsve pubescente.

Syn. *S. bipartita Desf. atl.* 1, *p.* 352 ; *Gren. et Godr. fl. fr.* 1, *p.* 208. *S. colorata Poir. dict.* 7, *p.* 161 (*non Schousb. nec DC.*). *S. sericea* α *Guss. syn. fl. sicul* 1, *p.* 485, *non All.* (*Excl. syn. Retz*). *S. vespertina Rchb. fl. excurs.* 814 (*non Retz*).

Icon. *Desf. l. c. tab.* 100 ; *Rchb. iconogr. fig.* 5068.

Exsicc. *Rchb. fl. germ. exsicc.* n° 2498 (*Sub nomine S. sericeæ Poll.*) ; *L. Duf. pl. hisp.* (*Sub nomine S. tubifloræ*).

Hab. propè Bone, Ghelma, Constantine. ☉ Februario-aprili

β. *Lasiocalyx Nob.* Formæ primariæ formâ foliorum

et caule erecto similis, sed calyx pilis longis confervoideis lanatus.

Syn. *S. Duriæi Spach!*

Exsicc. *Salzmann, It. hisp.-tingit. fasc.* 3 (*Sub nom. S. vespertinæ*).

Hab. in provinciis occidentalibus propè Oran, Thiaret, Mascara, Médéah, ad radices Atlantis.

γ. *Spathulæfolia Nob.* Caule erecto; foliis latè obovato-spathulatis, obtusis.

Hab. propè Bone, Constantine.

δ. *Canescens Nob.* Caule ascendente vel diffuso; foliis obovato-oblongis, canescentibus.

Syn. *S. canescens Tenor! fl. nap.* 1, *p.* 236. *S. vespertina Sibth. et Sm. fl. græc.* 5, *p.* 7 (*non Retz*). *S. sericea var.* β. *Guss. syn. fl. sicul.* 1. *p.* 484.

Icon. *Tenor. l. c. tab.* 39; *Sibth. et Sm. l. c. tab.* 409.

Hab. propè La Calle.

ε *Decumbens Nob.* Caule humili, decumbente; foliis crassiusculis, suborbiculatis spathulatisque; racemis brevioribus, paucifloris.

Syn. *S. sericea* γ *crassifolia Moris, fl. sard.* 1, *p.* 253.

Icon. *Moris, l. c. tab.* 17, *f.* 2.

Hab. circà Alger.

Obs. Le *S. bipartita* est extrêmement polymorphe, et plusieurs de ses formes ont été considérées comme espèces. Desfontaines avait déjà observé la forme à calice velu, recueillie dans le Maroc par Broussonet ; il la rapporte comme nous au *S. bipartita*.

La synonymie de cette espèce est embrouillée. Reichenbach l'a publiée sous le nom de *S. sericea Poll*. Gussone la décrit aussi sous le nom de *S. sericea All*. (*Prod. fl. sicul.* 1, *p.* 498 *et Syn.* 1, *p.* 483). Bertoloni (dans les *Opuscoli scientifici* de Bologne, et peut-être même dans la 3ᵉ décade *Rariorum Liguriæ plantarum*, publiée 7 ans auparavant) rapporte le *S. bipartita Desf.* comme synonyme du *S. sericea All.* et y joint même le *S. vespertina Retz* ; il confond ainsi les trois espèces (*Fl. ital.* 4, *p.* 580). La plante d'Allioni en est cependant bien distincte : nous l'avons vue de la localité classique, d'Oneille (*Oneglia*) ; elle est commune en Sardaigne et en Corse, et Soleirol l'a distribuée sous le nº 933. Elle diffère du *S. bipartita Desf.* par son inflorescence moins fournie et le plus souvent uniflore ; par son calice plus longuement tubuleux, à dents obtuses (et non aiguës), à nervures moins saillantes ; par ses pétales à limbe bifide (et non bipartite), munis à la gorge d'écailles ovales ; par son thécaphore un peu plus allongé ; mais surtout par ses graines dont les ailes ne sont pas ondulées.

Bertoloni n'est pas le seul auteur qui ait considéré le *S. vespertina Retz* comme simple synonyme du *S. bipartita Desf.* Il a été imité en cela par Sibthorp et Smith (*Prodr. fl. græc.* 291), par DC., Gussone, Koch et par plusieurs autres botanistes. Cependant Poiret déjà (*Dict. encycl. suppl.* 5, *p.* 148) avait émis des doutes sur cette réunion ; et il est impossible en effet que ces deux plantes soient identiques. La description du *S. vespertina*, donnée par Retz, est caractéristique, et il nous suffira d'en extraire les passages suivants qui ne peuvent s'appliquer au *S. bipartita Desf.* Retz dit de son *S. vespertina* : *Planta tota hirta..... Racemus bi-*

fidus flore unico pedicellato in dichotomiâ, tribus vel quatuor alternis in singulo ramulo breviter pedicellatis, foliis duobus linearibus suffultis, carneis, vespertinis.... Petala bifida, corona coadunata..... Semina minuta, reniformia, dorso sulcata.

Or, le *S. bipartita* n'est jamais hérissé, mais est simplement couvert d'un duvet court appliqué ; les fleurs inférieures des deux branches de la grappe sont assez longuement pédonculées ; les bractées ne sont pas linéaires, mais ovales ou lancéolées, et l'une des deux manque même presque complétement aux fleurs supérieures ; les fleurs s'ouvrent de jour et non pas seulement le soir ; les pétales sont bipartites et non bifides, et les écailles de la coronule ne sont pas toujours soudées en tube ; on ne peut pas dire des graines qu'elles sont *minuta ;* elles sont au contraire remarquables par leur grosseur, et, chose rare dans le genre *Silene,* elles présentent sur le dos deux ailes saillantes et fortement onduleuses.

S. NICÆENSIS *All.*

S. floribus subsecundis, numerosis, in racemo terminali composito elongato dispositis ; bracteis oppositis conformibus, lanceolatis, pedunculo brevioribus ; calyce umbilicato, demùm clavato ; petalis squamâ brevi obtusè bifidâ coronatis, limbo profundè bifido ; capsulâ ovoïdeâ, thecaphorum subæquante ; seminibus minimis, compressis, facie utrâque lævi applanatis, dorso canaliculatis et tenuiter corrugatis, non alatis ; foliis carnosis, mediis oblongis vel oblongo-linearibus, obtusiusculis ; herbâ viscoso-villosâ.

Syn. *S. nicæensis All. ped. t. 2, p. 81; DC. fl. fr. 4, p. 754; Tenor. fl. nap. 4, p. 210; Guss. fl. sicul. prod. 1, p. 505, et syn. 1, p. 490; Bertol. fl. ital. 4, p. 624; Moris, fl. sard. 1, p. 256; Gren. et Godr. fl. fr. 1, p. 208. S. arenaria Desf. atl. 1, p. 354. S. arenicola Presl. fl. sicul. 1, p. 153 (Forma glabrata). S. viscosissima Tenor. fl. nap. prod. p. 24, et syll. p. 213 et 556.*

Icon. *All. l. c. tab. 44, f. 2; icon. taurin. 17, tab. 96; Rchb. iconogr. f. 5065.*

Exsicc. *Soleir. It. corsic. nº 934; Welwitschii It. lus. nº 489.*

Hab. in arenosis maritimis, propè Bone, La Calle. ☉ Martio-majo.

S. ARENARIOIDES *Desf.*

S. floribus in apice caulis solitariis, vel 2-3 in racemo brevi subsecundo dispositis; bracteis oppositis, conformibus, pedunculos æquantibus; calyce subumbilicato, demúm clavato; petalis squamâ longâ bipartitâ coronatis, limbo bifido; capsulâ ovoideâ, thecaphorum vix æquante; seminibus ignotis; foliis non carnosis, mediis angustè lineari-setaceis et infernè longè ciliatis; herbâ apice pubescente, haud viscosâ.

Syn. *S. arenarioïdes Desf. atl. 1, p. 355 !*

Icon. *Nulla.*

Hab. in arvis Algeriæ.

S. KREMERI *Soy.-Willm. et Godr.*

S. floribus secundis, approximatis, in racemo spiciformi, solitario, composito dispositis; bracteis oppositis, inæqualibus, linearibus acutis; calyce fructifero ovoïdeo, longè clavato, non umbilicato, nervoso, non reticulato-venoso; dentibus margine scariosis, oblongis, obtusis; petalis bifidis, squamâ brevi bipartitâ coronatis; staminum filamentis unguibusque petalorum basi ciliatis; capsulâ ovoïdeâ, thecaphoro sesquilongiore stipitatâ; seminibus dorso lato planis, facie utrâque excavatis; herbâ scabridâ.

Hab. propè Ghelma, Constantine, Milah. ⊙ Majo-julio.

Descript. Radix alba, gracilis. Caulis erectus, virgatus, simplex, infernè villosus, supernè pube scabridâ conspersus. Folia basi longè ciliata, margine et faciebus pilis brevibus spinulosis scabra; inferiora obovata, petiolata; reliqua lanceolata vel lineari-lanceolata. Flores approximati, ad nodos bini ternive, in racemo terminali unico, denso, secundo dispositi. Pedunculi brevissimi. Bracteæ oppositæ, inæquales, lineares, acutæ, dorso et marginibus hirtulæ, pedunculis longiores. Calyx sub anthesi longè tubulosus, infernè attenuatus, fructu maturescente ovoïdeus, abruptè et longè clavatus, nervosus, pilis brevibus adpressis totâ superficie conspersus, non umbilicatus; dentibus margine albo-scariosis, oblongis, obtusis, ciliatis. Petala fauce coadunata; squama coronæ brevis, bipartita, partitionibus obtusis; limbus bifidus, lobis oblongis ; ungues exserti, dorso puberuli, margine molliter et longè ciliati. Antheræ ovatæ ; filamenta basi pubescentia. Capsula lutea, minutè corrugata, coriacea, ovoïdea. Thecaphorum pubescens, capsulâ sesquilongius. Semina striata, dorso lato plana, faciebus excavata.

Obs. Les *S. cinerea* et *Kremeri* sont voisins et se ressemblent par leur inflorescence. Mais il est plusieurs caractères distinctifs, tranchés, qu'il importe de mettre en opposition, pour rendre la diagnose plus évidente. Les dents du calice sont identiques dans les deux espèces; mais le tube est bien différent, surtout à la maturité. Dans le *S. cinerea*, il présente de larges bandes vertes, hérissées de poils courts et de poils longs articulés, tous ascendants ; les bandes blanches commissurales sont parsemées d'un duvet très-fin apprimé ; de plus, à la maturité, le tube se développe beaucoup ; il est atténué à sa base, qui reste épaisse et qui n'est pas appliquée immédiatement sur le thécaphore. Dans le *S. Kremeri*, au contraire, les bandes vertes du calice sont moins larges et les nervures moins saillantes ; le tube ne présente qu'un seul genre de poils, et ceux-ci sont courts, ascendants, appliqués; il se développe beaucoup moins à la maturité, il est brusquement contracté sous la capsule, sa partie inférieure est grêle et appliquée sur le thécaphore. Par sa forme, le calice fructifère du *S. cinerea* a de l'analogie avec celui du *S. ambigua*, et, dans le *S. Kremeri*, la ressemblance est plus grande avec le calice du *S. hispida*.

Dans le *S. cinerea*, les filets des étamines et les bords des onglets des pétales sont entièrement glabres. Dans le *S. Kremeri*, les onglets sont longuement ciliés dans leurs deux tiers inférieurs, et les filets des étamines sont pubescents à leur base. Ce dernier caractère s'observe rarement dans le genre *Silene* ; les *S. gallica* et *neglecta* toutefois nous l'ont déjà présenté.

Dans les *S. cinerea*, *Kremeri* et *nicœensis*, l'inflorescence est identique. Elle résulte d'une dichotomie à branches très-inégales et avec une fleur placée dans l'angle de la dichotomie ; l'une des branches étant très-courte, ses fleurs sont rapprochées de la fleur centrale, ce qui les fait paraître fasciculées (*Conf. Godr. Obs. sur l'inflorescence des* Silene).

S. SCABRIDA *Soy.-Willm. et Godr.*

S. floribus secundis, subapproximatis, in racemo spiciformi, stricto, simplici dispositis ; calyce fructifero fusiformi, apice contracto, non umbilicato, nervis latis squamigeris percurso, non reticulato-venoso, dentibus margine scariosis, linearibus, acutis ; petalis bifidis, squamâ brevi bipartitâ coronatis ; staminum filamentis glabris ; capsulâ ovoïdeâ, acutâ, thecaphorum æquante ; seminibus magnis, dorso lato leviter depressis, faciebus planis ; herbâ pubescenti-scabridâ.

Icon. *Exped. scientif. en Algérie, part. bot. tab.* 81, *f.* 1.

Hab. sepes, in collibus arenosis propè La Calle, Bone, Saïda, etc. ☉ Junio.

Descript. Radix flexuosa, subsimplex. Caulis erectus, gracilis, ramosus, rubescens, à basi ad apicem pube brevissimo deflexo aspersus, scabridus ; ramis patentibus virgatis. Folia basi longè ciliata, paginâ inferiore pilis spinulosis brevibus scabra ; inferiora oblonga, in petiolum attenuata ; superiora linearia, utrinquè attenuata. Flores erecti, vespertini, odorem *Mirabilis longifloræ* afflantes, albi vel subrosei, subapproximati, in racemis terminalibus, strictis, solitariis, secundis, gracilibus, simplicibus dispositi. Pedunculi brevissimi. Bracteæ oppositæ, subæquales, basi latiusculâ longè ciliatæ, acuminato-setaceæ, pedunculis longiores. Calyx sub anthesi longè tubulosus, basi attenuatus, ad maturitatem fusiformis, et axi adpressus, non umbilicatus, nervis prominulis latis planis et squamulas acutas gerentibus percursus, inter nervos lævis; dentes margine scariosi, lanceolati, acuti, dorso obtusè carinati, longè ciliati. Petala libera, fauce squamâ brevi obtusè bipartitâ coronata; limbus cuneatus, bifidus, lobis obovatis; ungues inclusi. Antheræ lineari-oblongæ. Capsula lutea, tenuissimè corrugata, parvula, ovoïdea, thecaphoro subæqualis, apice angustè dehiscens; apertura seminibus non pervia. Semina magna, nigricantia, eleganter corrugata, dorso lato leviter depressa, faciebus plana.

Obs. Le *S. trinervia Sebast. et Maur.* est voisin de notre espèce; mais il s'en distingue par ses grappes plus lâches; par son calice plus grand, moins atténué inférieurement, ombiliqué à la base, muni sur les nervures de poils allongés, articulés, dressés-appliqués et bulbeux à la base, et, entre les nervures, d'une série de petits tubercules; par les dents du calice obtuses; par ses tiges plus robustes, non rudes au toucher, munies dans le haut de poils courts et ascendants, et, à la base, de longs poils mous, étalés, articulés.

Les *S. echinata Otth* et *squamigera Boiss.* s'en distinguent par leur inflorescence dichotome et par beaucoup d'autres caractères.

β *Flores terminales et alares, in racemo dichotomo dispositi.*

S. SEDOIDES *Jacq.*

S. floribus parvulis, in racemo dichotomo laxiusculo dispositis; ramis dichotomiæ inæqualibus, ascendentibus; calyce brevi, umbilicato, ferè enervi, ad maturitatem cylindrico-obconico, versùs apicem æquali, dentibus obtusis; petalis obovatis, subemarginatis, squamà brevi bipartità coronatis; capsulà membranaceà, oblongà; thecaphoro tertiam partem capsulæ æmulante; seminibus minimis, tenuissimè corrugatis, faciebus planis, dorso canaliculatis; foliis carnosis, obtusis; herbà pusillà, viscoso-pubescente.

Syn. *S. sedoides Jacq. collect. suppl. p.* 112; *Desf. atl.* 2, *p.* 449; *DC. fl. fr.* 5, *p.* 605 (*Excl. syn. Forsk.*); *Presl. fl. sicul.* 1, *p.* 152; *Guss. syn. fl. sicul.* 1, *p.* 486 (*Excl. syn. Clement.*); *Bertol. fl. ital.* 4, *p.* 625; *Gren. et Godr. fl. fr.* 1, *p.* 212.

Icon. *Lychnis maritima, supina, Cepeæ foliis Bocc. mus. t.* 118; *Jacq. coll. supp. t.* 41, *f.* 1; *Rchb. Iconog. f.* 5064 *b.*

Exsicc. *Reichenbach, fl. germ. exsicc. n°* 2497.

Hab. in rupibus maritimis propè La Calle. ⊙ Junio.

S. DIVARICATA *Clemente*.

S. floribus remotis, terminalibus et alaribus in omnibus dichotomiis; ramis dichotomiæ inæqualibus, divaricato-patulis; calyce longiusculo, umbilicato, nervoso, ad maturitatem ovato-oblongo, basi contracto, supernè attenuato, dentibus angustis, acutis; petalis cuneatis, emarginatis, squamâ bifidâ longiusculâ coronatis; capsulâ coriaceâ, ovato-oblongâ; thecaphoro tertiam partem capsulæ æmulante; seminibus griseis, corrugatis, dorso canaliculatis, faciebus profundè excavatis; foliis haud carnosis, superioribus semi-amplexicaulibus, lanceolatis, acutis; herbâ viscoso-pilosâ.

Syn. *S. divaricata Clemente, elench. hort. madrit.* 1806, *p.* 105; *Lag. gener. et sp. p.* 15.

Icon. *Nulla*.

Hab. propè Oran, Arzew, in collibus calcareis calidis, 350 m. altis. ⊙ Majo.

Descript. Radix alba, gracilis, flexuosa, ramosiuscula. Caulis erectus, teres, ferè à basi dichotomè ramosus, ad nodos tumidulus, ut tota herba viscoso-pilosus; pilis inæqualibus, confervoïdeis, apice glanduliferis, patentissimis; rami divaricato-patuli. Folia viridia, haud carnosa, pubescenti-viscosa; inferiora approximata, basi longè attenuata; reliqua semiamplexicaulia, lanceolata, acuta. Flores ex omnibus dichotomiis exserti, et supremi terminales. Pedunculi graciles, flore plerumquè longiores; alares lateraliter patuli, calyce assurgente. Calyx sub anthesi fusiformis, demùm fructu crescente ovato-oblongus, basi contractus et umbilicatus, à contracturâ baseos sensim supernè attenuatus, nervis prominulis viridibus percursus ; dentes omninò herbacei, angusti, lineares, acuti. Corolla parva, rosea, calycem excedens, unguibus supernè coadunatis tubulosa, coronata ; squamæ faucis lineares, acutè bifidæ, limbi tertiam partem æquantes ; lamina parva, cuneata, emarginata. Antheræ ovatæ. Styli filiformes, intùs à basi ad apicem papillosi. Capsula lutea, coriacea, nitens, minutè corrugata, ovato-oblonga, infernè trilocularis, thecaphoro glabro triplò longior. Semina grisea, concentricè et eleganter rugosa, subreniformia, dorso latè canaliculato, faciebus profundè excavatis.

Obs. Cette plante, comme Lagasca le fait judicieusement remarquer, est très-voisine du *S. sedoïdes Jacq.*; mais elle est au moins une fois plus développée dans toutes ses parties. L'analogie de port de ces deux espèces est en effet tellement saillante, qu'il est impossible de penser que le *S. divaricata* de Clemente ne soit, comme le veut Moris (*Fl. sard.* 1. *p.* 250), qu'un simple synonyme du *S. fuscata Link*, plante qui certainement ne ressemble pas au *S. sedoïdes*. Du reste, la description du *S. divaricata* que donne Lagasca, quoique très-courte, est tellement caractéristique, que nous avons dû, sans hésitation, y rapporter notre plante d'Oran.

S. RUBELLA *L.*

S. floribus plùs minùs approximatis, in racemo dichotomo subsecundo dispositis ; ramis dichotomiæ inæqualibus, erectis ; calyce non umbilicato, minutè nervoso, ad maturitatem turbinato, versùs apicem æquali, dentibus brevibus rotundatis ; petalis obovato-cuneatis, emarginatis vel bilobis; squamis coronæ brevibus, obtusé bipartitis; capsulâ coriaceâ, ovoïdeâ, thecaphorum bis terve superante; seminibus minutissimè corrugatis, dorso profondé canaliculatis, faciebus depressione auriculæformi notatis; foliis margine undulatis, obtusis; herbâ non viscosâ.

Syn. *S. rubella L. sp.* 600; *Delille, descr. de l'Egypte, ed.* 2, *p.* 88 *et* 285; *Sibth. et Sm. fl. græc.* 5, *p.* 18; *Moris, fl. sard.* 1, *p.* 249; *Bertol. fl. ital.* 4, *p.* 589. *S. turbinata Guss. fl. sicul. prod.* 1, *p.* 506, *et syn.* 1, *p.* 491; *Bertol. l. c. S. segetalis L. Dufour! ined.*

Icon. *Delille, fl. ægypt. tab.* 29, *f.* 3; *Moris, fl. sard. tab.* 14 (*forma brachypetala*); *Sibth. et Sm. fl. græc.* 5, *tab.* 426 (*forma longipetala*); *Rchb. iconog. fig.* 5078.

Exsicc. *Salzmann, It. hisp.-tingit. fasc.* 3; *L. Dufour, pl. hispan.* (*Sub nomine S. segetalis*); *Welwitschii It. lusit. n°* 286.

Hab. circà Médéah, Milianah, Alger, Constantine, Oran, Thiaret, etc., ⊙.

Obs. Moris réunit les *S. rubella* et *turbinata*; Bertoloni et Gussone au contraire les distinguent spécifiquement. Nous nous sommes rangés à l'opinion de Moris, parce que les caractères, par lesquels on a voulu distinguer ces deux espèces, ne nous paraissent, ni assez constants, ni assez importants. Ainsi 1° le *S. turbinata* a les feuilles plus étroites; mais, dans les *Silene*, la largeur des feuilles varie beaucoup, et presque toutes les espèces présentent des formes à feuilles étroites et à feuilles larges; 2° Les feuilles supérieures sont écartées dans le *S. turbinata* et rapprochées dans le *S. rubella ;* mais nous avons vu ces deux dispositions dans des plantes provenant d'un seul et même semis, et du reste ce caractère ne concorde pas toujours avec les autres caractères par lesquels on a voulu distinguer ces deux prétendues espèces ; 3° La grappe plus allongée et plus lâche dans le *S. turbinata*, ne nous paraît être aussi qu'un fait accidentel, qui se lie du reste au précédent ; 4° La longueur du limbe des pétales est très-variable dans les *Silene*, et les *S. nocturna* et *apetala* nous offrent sous ce rapport des différences bien plus saillantes que celles qu'on a signalées dans le *S. rubella ;* 5° Il ne reste donc, pour distinguer les deux plantes dont nous parlons, que la longueur du calice, sa forme à la maturité, et la longueur du thécaphore. Mais la longueur du calice, sa forme plus ou moins atténuée à la base au moment de la maturité, nous semblent dépendre de la longueur du thécaphore relativement à la capsule. Or, la longueur du thécaphore est variable, d'après Bertoloni lui-même, puisqu'il dit du *S. turbinata : thecaphorum capsula triplò aut quadruplò, rariùs dimidiò brevius*. Si dans cette espèce le thécaphore peut avoir la moitié de la longueur de la capsule, comment en distinguer le *S. rubella*, auquel Bertoloni attribue précisément ces dernières proportions entre son thécaphore et sa capsule ?

Enfin nous ferons valoir en faveur de notre opinion un dernier fait : nous avons comparé un échantillon de *S. segetalis*, reçu de M. L. Dufour lui-même, à un échantillon authentique de *S. rubella Moris*. Ces échantillons sont de tous points identiques ; et cependant Bertoloni rapporte, sans hésiter, le *S. segetalis Dufour* au *S. turbinata*, et la plante de Moris au *S. rubella*.

S. FUSCATA *Link.*

S. floribus in racemo dichotomo dispositis, in parte superiori ramorum congestis; ramis dichotomiæ inæqualibus, erecto-patulis; calyce umbilicato, nervoso, ad maturitatem clavato, versùs apicem æquali, dentibus obtusis; petalis oblongo-cuneatis, subintegris; squamis coronæ in tubo longiusculo et vix crenulato coadunatis; capsulâ coriaceâ, ovoïdeâ; thecaphoro capsulam æquante; seminibus tumidulis, minutissimè corrugatis, dorso plano, faciebus leviter excavatis; foliis margine undulatis, superioribus oblongo-lanceolatis acutis; herbâ viscoso-pubescente.

Syn. *S. fuscata Link in Brot. fl. lus.* 2, *p.* 187; *Tenor. syll. p.* 216; *Bertol. fl. ital.* 4, *p.* 585; *Moris. fl. sard.* 1, *p.* 250 (*excl. syn. Clem.*). *S. undulatifolia Moris, elench.* 1, *p.* 8. *S. pseudo-atocion Guss. pl. rar. p.* 180, *et prod.* 1, *p.* 506 (*non Desf.*). *S. simplicicorona Mutel, fl. fr.* 1, *p.* 148.

Icon. *Lychnis erecta Veronicæ foliis Bocc. mus. tab.* 118; *Moris, fl. sard. tab.* 15.

Exsicc. *Welwitschii iter lusit. n°* 246.

Hab. in arvis incultis ferè totius Algeriæ, Bone, Ghelma, Constantine, Ain-Sidjerara, Mascara, Mostaganem, Milianah, Alger, etc. ⊙ Decembri-majo.

S. PSEUDO-ATOCION *Desf.*

S. floribus in racemo dichotomo dispositis; ramis dichotomiæ subæqualibus, patulis; calyce umbilico basilari destituto, nervoso, ad maturitatem longè clavato, versùs apicem æquali, dentibus acutis; petalis oblongis, integerrimis; squamis coronæ brevibus, basi coadunatis, bicrenatis; capsulà coriaceâ, ovoideâ; thecaphoro capsulam bis superante; seminibus tumidulis, minutissimè corrugatis, dorso planiusculo, facie utrâque profundè excavatâ; foliis planis, superioribus ovato-lanceolatis apiculatis; herbâ viscoso-pubescente.

Syn *S. pseudo-atocion Desf. atl.* 1, *p.* 353.

Icon. *Nulla.*

Hab. in locis graminosis propè Oran, Ghelma, Constantine, Amman-Berdah, Alger, Milianah; circà Thiaret ad cataractam? Miniæ.

Descript. Radix alba, prælonga, gracilis. Caulis erectus, fistulosus, striatus, à basi sæpiùs alternatim et supernè dichotomè ramosus, viscosus, pilis brevibus confervoideis glanduligeris patentibus vestitus. Folia plana, viridia, utrâque paginâ glabra, margine ciliolata; inferiora oblongo-obovata, in petiolum basi ciliatum sensim attenuata; cætera ovato-lanceolata acuta. Folia floralia omninò herbacea, parva, lanceolata, acuminata. Flores in racemo dichotomè corymboso dispositi. Pedunculi terminales breves; alares longiusculi, attamen calyce sæpiùs breviores. Calyx sub anthesi longè tubulosus, infernè sensim attenuatus, fructu maturescente clavatus, basi non umbilicatus, nervis prominulis fuscescentibus percursus; dentes prælongi, lanceolati, acuti. Corolla rosea, squamis brevibus basi coadunatis apice obtusè bicrenatis coronata; ungues exserti, liberi; lamina oblonga, integerrima. Antheræ oblongæ, sub anthesi pendulæ; filamenta capillaria, glabra, apice hamata. Styli filiformes, ovario triplò longiores, apice breviter papillosi. Capsula ovoïdea, coriacea, minutissimè granulata. Thecaphorum gracile, pubescens, capsulâ duplò longius. Semina brunnea, regulariter et minutissimè corrugata, dorso lato planiuscula, facie utrâque profundè excavatâ.

Obs. Le *S. pseudo-atocion* est très-voisin des *S. Atocion*, *S. integripetala* et surtout du *S. fuscata*. Mais convient-il de les considérer tous comme variétés d'une même espèce? c'est l'opinion de Mutel (*fl. fr. add. p.* 469); nous ne pouvons l'adopter.

Et d'abord, le *S. Atocion Murr.* se sépare nettement des trois autres espèces dont il est ici question, non-seulement par ses pétales bilobés, mais par deux dents latérales longues et aiguës qui, vers la base du limbe des pétales, se détachent de son bord, et de plus par ses bractées supérieures entièrement blanches et scarieuses, tandis qu'elles sont complétement herbacées dans les *S. pseudo-atocion*, *fuscata* et *integripetala*. Enfin les graines du *S. Atocion* sont plus grandes et couvertes sur toute leur surface de gros tubercules obtus.

Le *S. integripetala Bory et Chaub.* se distingue du *S. pseudo-atocion* par ses fleurs plus longuement pédonculées, en grappe plus lâche; par son calice ombiliqué à la base, à dents courtes et obtuses (et non allongées et aiguës); par sa corolle plus grande; par ses pétales obovés, munis à la gorge d'une écaille longue, libre, bipartite, à lobes linéaires aigus; par ses graines deux fois plus petites, proportionnément moins épaisses, fortement canaliculées sur le dos, planes sur les faces. Il se distingue en outre du *S. fuscata* par ses pétales généralement plus grands et plus larges (caractère de peu de valeur dans les *Silene*) ; mais surtout par les écailles de la coronule ; par ses anthères linéaires-oblongues (et non ovales) ; par la forme et la petitesse de ses graines ; par sa grappe beaucoup plus lâche ; par ses pédoncules allongés, dont les inférieurs sont plus longs que le calice ; par ses feuilles planes, plus ovales.

Les *S. fuscata Link* et *pseudo-atocion Desf.* sont sans contredit les deux espèces les plus voisines. La première se distingue de la seconde par ses fleurs rapprochées au sommet des rameaux ; par son calice ombiliqué à la base, à dents ovales, obtuses ; par ses pétales plus petits ; par sa coronule formée d'écailles soudées en un long tube dressé et finement crénelé au sommet ; par ses anthères ovales ; par son thécaphore égalant la capsule.

S. MUSCIPULA *L.*

S. floribus remotis, terminalibus et alaribus in omnibus dichotomiis ; ramis dichotomiæ æqualibus, erecto-patulis, strictis ; calyce umbilicato, nervoso, reticulato-venoso, ad maturitatem cylindraceo-oblongo, clavato, integro, dentibus prælongis acutis ; petalis cuneatis, obtusè bifidis, squamâ acutè bifidâ longiusculâ coronatis ; capsulâ coriaceâ, elliptico-oblongâ, thecaphorum tertiâ parte superante ; seminibus tuberculatis, dorso canaliculatis, faciebus planis ; foliis mediis linearibus vel lineari-lanceolatis, utrinque attenuatis ; herbâ glabrâ, viscosissimâ.

Syn. *S. Muscipula L. sp.* 601 ; *DC. fl. fr.* 4, *p.* 752 ; *Desf. atl.* 1, *p.* 353 ; *Tenor. nap.* 4, p. 215 ; *Guss. pl. rar. p.* 178, *et prodr. fl. sic. supp.* 1, *p.* 125 ; *Bertol. fl. ital.* 4, *p.* 615 ; *Gren. et Godron , fl. de France* 1, *p.* 215. *S. stricta Lapeyr. abr. pyr. p.* 246 (*non L.*). *Cucubalus dichotomus Lam. fl. fr.* 3, *p.* 32.

Icon. *Lychnis sylvestris III Clus. hist.* 1, *p.* 289, *f.* 1 ; *Reichenb. icon. fig.* 5077.

Exsicc. *Bové , herb. maurit. coll.* 2.

Hab. in collibus Algeriæ, Oran, Mascara , Tlemsen, Alger, Ouisert, Ghelma, Constantine. ☉. Martio-aprili.

S. STRICTA *L.*

S. floribus remotis, terminalibus et alaribus in omnibus dichotomiis ; ramis dichotomiæ æqualibus, erecto-patulis, strictis ; calyce umbilicato, nervoso, reticulato-venoso, antè maturitatem ovato-conico, clavato, demùm fisso, dentibus prælongis, acutis ; petalis cuneatis, emarginatis, squamà brevi bipartità coronatis ; capsulà coriaceà, ovatà, acuminatà, thecaphorum bis superante ; seminibus tuberculatis, dorso et faciebus planis ; foliis mediis oblongo-lanceolatis, acutis ; herbà glabrà, supernè viscosà.

Syn. *S. stricta L. sp.* 599 ; *Guss. syn. fl. sicul.* 1, *p.* 487 (*non Lapeyr.*). *S. Muscipula Guss. prodr. supp. p.* 125 (*non L.*).

Icon. *Nulla.*

Hab. in cultis circà Oran, Ghelma (*Kremer*), et in Oued-Ghesba (*Laforest*). ☉. Martio-Aprili.

Descript. Caulis erectus, 2-6 decim. altus, strictus, modò simplex, modò dichotomè ramosissimus, teres, haud striatus, ad nodos tumidus, supernè viscosus. Folia glabra, margine scabriuscula, faciebus minutè granulatis (in sicco); folia inferiora obversè lanceolata, in petiolum attenuata; media oblongo-lanceolata, acuta; floralia herbacea, elongata, linearia, acuminata, flore sæpè longiora. Flores in racemo laxo dichotomo dispositi; ramis erecto-patulis, strictis. Pedunculi superiores brevissimi; alares inferiores, in speciminibus ramosissimis, longiores et tamen calyce dimidio breviores. Calyx sub anthesi fusiformis, fructu crescente ovato-conicus, clavatus, demùm capsulâ ampliatâ longitudinaliter fissus, basi umbilicatus, glaber, nervis virentibus alternatìm inæqualibus percursus, reticulato-venosus; dentibus longiusculis, lineari-lanceolatis, acutissimis. Corolla purpurascens, minima, vix calycem excedens, squamis brevibus, acutè bipartitis coronata; limbus obovato-cuneatus, emarginatus; ungues inclusi. Capsula coriacea, lutea, leviter corrugata, ovata, supernè acuminata conica; columella et dissepimenta dimidiam capsulam æquantia; funiculi umbilicales longi. Thecaphorum glabrum, capsulâ dimidiò brevius. Semina fusca, eximiè tuberculata, dorso et faciebus planis.

Obs. Le *S. stricta L.* fut indiqué d'abord en Espagne et à Toulouse : *Habitat in Hispania et Tolosæ*, dit Linné (*Sp. pl.* 599). C'est d'après l'herbier de Burser que cette dernière localité est signalée ; la conjonction *et* éloigne l'idée que Linné ait voulu parler de Tolosa en Espagne, comme le pense Lapeyrouse (*Abr. pyr.* 247). Cependant le *S. stricta* n'a pas été retrouvé à Toulouse, où M. Noulet n'a rencontré, mais en abondance, que le *S. Muscipula*. Cette dernière plante, avant le développement du fruit, est très-facile à confondre avec le *S. stricta*, et il nous semble vraisemblable que la plante rapportée de Toulouse par Barser et dont il est question dans le 1er vol. des *Amœnitates academicæ*, p. 158, est le *S. Muscipula*. Le véritable *S. stricta*, qui pour la première fois a reçu ce nom dans le 4e vol. du même ouvrage, et qui s'y trouve décrit d'une manière si caractéristique, habite non-seulement l'Espagne, mais Gussone l'indique en Sicile ; rien d'étonnant alors qu'il se trouve aussi en Algérie.

C'est sans doute par suite d'une erreur typographique que, dans le Prodrome de De Candolle, les caractères du *S. stricta* sont attribués au *S. Muscipula* et réciproquement. Car De Candolle, qui a nié avec raison l'existence en France du *S. stricta*, admis par Lapeyrouse, lui donnerait gain de cause. Le *S. stricta* de Lapeyrouse et du Prodrome est certainement le *S. Muscipula*, dont l'existence en France n'est pas contestée.

S. RETICULATA *Desf.*

S. floribus erectis, brevissimé pedunculatis, in paniculâ amplâ, laxâ, trichotomâ dispositis, ramis apice dichotomis cum flore alari ; calyce fructifero ovato-conico, longissimé clavato, umbilicato, tenuiter nervoso, reticulato-venoso, dentibus lanceolatis acutis ; petalis parvis, emarginatis, unguibus glabris, apice auriculatis ; capsulâ ovato-oblongâ ; thecaphoro capsulam bis superante ; seminibus dorso canaliculatis, faciebus planis, tuberculatis ; caulibus herbaceis, ramosis ; radice annuâ ; herbâ glabrâ, supernè viscidâ.

Syn. *S. reticulata Desf. atl.* 1, *p.* 350.

Icon. *Desf. l. c. tab.* 99.

Hab. in declivibus Atlantis, propè Blidah.

γ *Flores oppositi et terminales, in racemo paniculato dispositi.*

S. PATULA *Desf.*

S. floribus erectis, pedunculatis, in paniculâ amplâ, patente, trichotomâ dispositis, ramis apice dichotomis cum flore alari breviùs pedunculato; calyce fructifero ovato-oblongo, à medio clavato, umbilicato, tenuiter nervoso, haud reticulato, dentibus ovatis, obtusis; petalis bifidis, squamâ bidentatâ coronatis, unguibus glabris, exauriculatis; capsulâ ovato-conicâ; thecaphoro capsulam æquante; seminibus......; caulibus herbaceis, ramosis; radice perenni; herbâ brevissimè pubescente, supernè viscidâ.

Syn *S. patula Desf. atl.* 1, *p.* 356.

Hab. in arvis Algeriæ (*Desf.*). ♃

Obs. Les fleurs s'ouvrent le soir et exhalent une odeur agréable ; elles sont blanches.

S. NUTANS *L.*

S. floribus nutantibus, sat longè pedunculatis, in racemo trichotomo secundo dispositis; calyce fructifero obovato, basi attenuato, demùm fisso, umbilicato, nervoso, dentibus lanceolatis acutis; petalis bipartitis, squamâ acutè bipartitâ coronatis, unguibus glabris, non auriculatis ; capsulâ ovato-conicâ, sexdentatâ, thecaphorum ter quaterve superante ; seminibus dorso faciebusque planis, tuberculatis; caulibus herbaceis ; rhizomate lignoso ; herbâ pubescente, supernè viscosâ.

Syn. *S. nutans L. Sp.* 596 ; *Desf. atl.* 1, *p.* 349.

Hab. In Algeriâ (*Desf.*). ♃

S. MELLIFERA *Boiss. et Reut.*

S. floribus erectis, brevissimè pedunculatis, in apice ramorum solitariis vel ternis quinisve, racemum trichotomum laxum formantibus; calyce fructifero fisso, brevi, infrà capsulam abruptè contracto, clavato, umbilicato, vix nervoso, dentibus rotundatis, margine latè scariosis, ciliolatis ; petalis bifidis, fauce bigibbosis, unguibus glabris nec auriculatis ; capsulâ ovato-conicâ, sexdentatâ, thecaphorum paulisper superante ; seminibus dorso faciebusque planis, obtusè tuberculatis ; caulibus herbaceis, cæspitosis ; rhizomate lignoso ; herbâ supernè viscidâ.

Syn. *S. mellifera Boiss. et Reut. diagn. pl. hisp. p.* 8. *S. italica var. nevadensis Boiss. elench. pl. hisp. p.* 16.

Hab. in declivibus Atlantis suprà Blidah ; propè Medeah. ♃ Junio.

Obs. Les *S. nutans* et *italica* se distinguent nettement de cette espèce : Le *S. nutans*, par ses fleurs penchées et toutes dirigées d'un même côté, bien plus longuement pédonculées ; par son calice fructifère obové, atténué à la base, à dents lancéolées aiguës ; par ses pétales bipartites à lobes linéaires (et non bifides à lobes obovés), munis à la gorge de deux écailles aiguës ; par son thécaphore trois fois plus court. Le *S. italica* s'en distingue par sa grappe plus dense, plus dressée ; par ses bractées herbacées ; par son calice du double plus long, formant une longue massue à la maturité ; par ses pétales à onglet auriculé au sommet et cilié vers le milieu ; par sa capsule égalant le thécaphore ou plus courte.

S. VELUTINA *Pourr.*

S. floribus erectis, brevissimè pedunculatis, in apice ramorum approximatis, racemum trichotomum densum formantibus ; calyce fructifero oblongo, longè clavato, umbilicato, tenuiter nervoso, glanduloso, dentibus brevibus margine scariosis obtusis ; petalis bifidis, fauce nudis, unguibus glabris nec auriculatis ; capsulâ oblongâ, acuminatâ, sexdentatâ, thecaphorum paulisper superante ; seminibus nigris, dorso canaliculatis, faciebus planis, obtusè tuberculatis ; caulibus herbaceis, simplicibus ; rhizomate lignoso, squamoso ; herbâ breviter albo-tomentosâ.

Syn. *S. velutina Pourr. in Desf. herb. ex Lois. in jour. bot.* 2, *p.* 324 ; *Godr. fl. franc.* 1, *p.* 219. *S. mollissima Sibth. et Sm. fl. græc. prodr.* 1, *p.* 298 ; *Viv. fl. corsic. diagn. p.* 6 ; *Bertol. fl. ital.* 4, *p.* 592. *S. Salzmannii Otth. in DC. prodr.* 1, *p.* 381 (*non Badarr. nec Bertol.*). *Cucubalus mollissimus L. Sp.* 593.

Icon. *Nulla.*

Exsicc. *Soleir. It. cors.* n° 44.

Hab. in præruptis montium calcarearum propè Constantine, Oran, Tlemsen. ♃ Majo-julio.

S. ROSULATA *Soy.-Willm. et Godr.*

S. floribus erectis, brevissimè pedunculatis, binis ternisve, in apice caulis approximatis, racemum trichotomum basi laxum formantibus; calyce fructifero ovato-conico, longè clavato, umbilicato, tenuiter nervoso, glabro, dentibus margine scariosis ovatis obtusis; petalis bifidis, fauce nudis; capsulâ ovatâ, longè conicâ, acutâ, tridentatâ, thecaphorum æquante; seminibus dorso canaliculatis, faciebus planis, tuberculatis; caulibus infernè suffruticosis, ad basim ramorum rosulas foliorum gerentibus; herbâ glaberrimâ.

Icon. *Exped. scient. en Algérie, part. bot. tab.* 82.

Hab. in locis rupestribus maritimis inter dumeta propè La Calle. ♃

Descript. Radix fibris carnosis fusiformibus crassis constans. Caulis 10-15 decim. longus, inter virgulta ascendens, sub sole erubescens, ad nodos tumidus, glaberrimus, ramosus; rami elongati, stricti, ad basim foliis numerosis, approximatis, quasi rosulatis muniti, apice floriferi. Folia rosularum ovato-lanceolata, acuminata, in petiolum longum basi ciliatum decurrentia, cæterùm glabra, margine undulata; folia superiora remota, lineari-lanceolata, acutissima. Flores in racemo trichotomo dispositi; paniculæ ramis patentibus, duos vel tres flores apice gerentibus ; inferioribus remotis, superioribus approximatis, undè flores in summâ paniculâ congesti videntur. Pedicelli laterales brevissimi, alares longiores. Calyx 20-24 mill. longus, glaber, sub anthesi longè tubulosus, basi attenuatus, fructu maturescente ampliatus, ovato-conicus, longè clavatus, basi umbilicatus, nervis fuscescentibus tenuibusque percursus ; dentes ovati, obtusi, margine scariosi, ciliolati. Petala alba, venosa, fauce subnuda ; limbus bifidus, lobis obovatis ; ungues exserti, exauriculati. Staminum filamenta glabra. Capsula coriacea, sublævis, lutea, nitida, ex ovatâ basi sensìm longèque conica, acuta, apice dentibus tribus brevibus dehiscens, sed apertura exigua, seminibus haud pervia. Semina nigricantia, compressiuscula, dorso latè canaliculata, facie utrâque plana, tuberculata.

S. BUPLEUROIDES *L.*

S. floribus suberectis, longè pedunculatis, in racemo subsimplici laxo trichotomo dispositis, ramis strictis plerumque unifloris ; calyce fructifero ellipsoïdeo, clavato, umbilicato, tenuiter nervoso, reticulato-venoso, dentibus margine scariosis lanceolatis acutis ; petalis bipartitis, squamâ profundè divisâ coronatis, unguibus glabris, non auriculatis ; capsulâ ovato-oblongâ ; thecaphoro capsulam æquante ; seminibus. . . . . ; caulibus herbaceis, subsimplicibus, strictis ; rhizomate lignoso ; herbâ glaberrimâ.

Syn. *S. bupleuroïdes L. Sp.* 598 ; *Desf. atl.* 1, *p.* 351.

Hab. in Atlante (*Desf.*). ♃

FIN.

www.ingramcontent.com/pod-product-compliance
Ingram Content Group UK Ltd.
Pitfield, Milton Keynes, MK11 3LW, UK
UKHW021507260726
13993UKWH00004B/1598

9 782329 211961